国家汉办／孔子学院总部汉语国际推广基地项目

主　编：宁继鸣
副主编：马晓乐　孙雪霄

Chinese
Culture Book

丝绸文化

The Culture of Silk

李平生 著

山东大学出版社

序

宁继鸣

经过近两年的编撰修订，《中国文化读本》系列丛书终于有机会呈现在读者面前了。

《读本》的策划与实施，来源于对当前语言与文化传播的理解。当各国各民族的科技成果、生活方式通过多元化的信息传播渠道以百川汇海之势融入全球化浪潮时，世界也在倾听不同国家、民族的声音，欣赏多元文化的精彩。每一个民族和国家的语言与文化，都可能在全球化的过程中影响他人，变革自我。传统文化与现代文明、东方文化与西方文化在时间和空间的交织中对话，在国家、地区、种族的跨文化传播中交流与重构。正如全球化市场需要中国一样，全球多元文化的交流同样离不开中国，绵亘发展了五千年的中华文化同样也应该在全球化浪潮和社会需求的涌动与召唤下，逐渐走向国际舞台，展现自己的风采。

为了让中华文明的优秀成果为世界了解与共享，我国每年有相当数量的文化普及读物走向世界，这其中不乏脍炙人口的优秀作品，但从总体看，美好的愿望与现实之间仍存在很大距离。从政府到民间，众多专家和学者都在思考这个问题，并在自己的实践中寻求突破的路径。随着科学技术的不断发展，时空被压缩，网络更发达，机遇与挑战并存。应该说，语言、技术和平台本身不是难以逾越的障碍，关键是如何选择一种符合国际语境的中华文化的呈现、诠释和传播的方式。

在民族文化语境下，中华文化知识是"一元"的，但在传播过程中，这些知识被置于"多元"的文化语境，即不同国家、不同民族的文化环境下。要实现知识或信息在"一元"与"多元"之间有效传递，不发生传播的偏向，最大程度地确保不同文化背景、价值观念和思维方式的受众能够较为准确地理解和接受传播内容，需要一个语码转换的过程，需要传播主体在民族文化认知的基础上进行理性的文化选择、生动的文化呈现和恰当的文化诠释。而这种语码转换——文化选择、呈现、诠释和传播的能力，是影响文化传播效果的关键因素，也是我们的普及读物获得域外读者关注、认可所亟待解决的核心命题。

带着一种探索与尝试的心态，我们启动了《读本》的编撰工作。研发通俗易懂的中华文化优秀普及读物是国家汉办、山东大学中华传统文化研究与体验基地的建设任务之一，本套丛书也得到了国家汉办/孔子学院总部的支持。

2010年，在对海内外文化普及读物广泛调研的基础上，我们召开了《读本》编撰研讨会，很快得到国内广大专家、学者的支持与响应。参与编撰的学者多是该选题领域的专家，对选题认识深刻，积淀深厚，他们积极为《读本》编写献计献策。尽管视角不同，方法多样，形式不拘一格，但在目标上却有共识：通过自己的努力，为中国文化的精粹走向世界略尽绵薄之力。

为了实现这一目标，学者们倾注了心血和智慧，他们深厚的学养和严谨的著述态度确保了文稿内容的权威性。而为达到文化传播效果，不惜几易其稿的精神，更令我们敬佩感动。可以说，在他们的大力支持下，《读本》从无到有，迈出了关键的一步。

为了促进中国文化的世界传播，增强跨文化交流的效果，《读本》在以下几个方面作了一些尝试：

首先，关注文化选择能力。文化选择是一种意识，也是一种能力，需要传播主体建立中外文明同时空的理念，自觉地进行中外文化比较，寻找双边文化的共鸣点和契合点，在尊重外国读者文化接受心理的基础上筛选知识，诠释知识，传播知识。敢于舍弃，寻求重点、焦点内容，是必要而重要的。事实证明，平铺直叙和面面俱到的表达方式注注不能奏效。

其次，尝试采用多元文化的呈现形式。《读本》的文化呈现是多元化的。除借助浅易生动的文辞外，《读本》还配以精彩的插图，试图通过图文并茂的呈现形式，借助图片传播的特色增进文化理解。

最后，选取恰当的文化诠释方式。《读本》尽量避免学术语境，行文中贯穿着情节化、故事化的表述，夹叙夹议，可读性强，通过对故事的理解增进对文化元素内涵的认知。在叙述结构与方式方面，尝试"倒向思维"，突出中华文化生活化的比重，从当下起笔，将丰厚的文化元素发展历程作为被诠释内容的"五色土"，挖掘适宜的土壤，来培育文化传播的种子。

坦率地讲，从学术语境转向生活语境，也就是说，由学理转向普及的过程对很多人来讲都不是一个简单的转换过程，很多学者在《读本》的撰写过程中体会到了大家写"小书"的不易。中华文化的跨文化传播是一项崇高的事业，也是一个学术命题和文化现象，更是一种社会责任和民族担当，需要一代代学人和文化教育领域的工作者同心同德、群策群力。

《读本》的编撰是探索中国文化走向世界路径的一次尝试，不免存在不足，然而"九层之台，起于垒土；千里之行，始于足下"，希望能在读者的批评和修正中，不断完善与提升本丛书。

Contents

目录

绪　论 @1

第一章　丝绸的传说与神话 @9

第二章　蚕宝宝的生命寓意 @17

第三章　丝绸的起源与发展 @27

第四章　丝绸经济贯通古今 @35

第五章　丝绸之路连接中西 @45

第六章　丝绸诗歌多姿多彩 @55

第七章　丝绸影视崭露头角 @65

第八章　丝绸老字号与名锦 @71

第九章　丝绸民俗与丝绸节 @81

参考文献 @91

绪　论

造纸术、指南针、火药、活字印刷术，这些是古代中国对世界文明历史具有巨大影响的四大发明，举世公认。那么，什么是中国的第五大发明呢？许多学者认为是丝绸。这种说法自有其道理，因为中国的丝绸文化比四大发明古老得多，涉及领域也更为广泛。

人类生活离不开衣食住行，其中之"衣"，主要指纺织品。在古今中外的纺织品系列中，丝绸以其无穷魅力一直稳居"皇后"宝座。早在2000年前，中国丝绸曾经是罗马帝国上层贵族炫耀奢华的重要衣物，令人着迷，其价格一度与黄金相等。20世纪80年代，美国纽约时装设计师奥德卡由衷赞叹说："丝绸对身体犹如钻石对手指那样使之生辉。"① 设计师们为丝绸的手感、外观甚至气味所倾倒。

丝绸以其天生丽质获得了许多桂冠和雅号，如"纤维皇后"、"人类第二皮肤"。这些绝非空穴来风，而是有其科学依据。因为丝绸属于天然的蛋白纤维，具有弹性和光泽，不仅吸湿散湿，吸音吸气，膨松轻快，冬暖夏凉，保温耐热，爽滑飘逸，适合作为人类衣着，而且还能够吸收并逐渐释放紫外线，可预防皮肤病，具有保健功能。丝绸的上述优势，既非传统棉麻服装所能够具备，也非现代化纤服装所能够比拟。因此，在化纤工业高度发达的当今社会，人们对于

① 转引自［美］妮娜·海德《丝绸——纺织品皇后》，载《北方蚕业》1986年第3期。

3

纺织品原料的选择虽然有很多的途径，但是依然注重丝绸的天然质地、审美价值和保健作用，至于时装表演所用的高档服装，更是离不开丝绸。

丝绸光滑细腻的质地像珍珠一样

不仅如此，丝绸还承载着许多中华文化的内容，蕴含着典雅高贵、奢华时尚的审美情趣，弥漫于中国历史进程，传播于古代罗马帝国、当代巴黎时装展厅，以其动人心弦的独特之美，展现出跨越时空的力量和兼通中外的无穷魅力。

中国丝绸在世界历史上具有首创意义。五千多年来，中华民族的祖先不断发明创造，代代传承，吐故纳新，精益求精，形成了博

大精深的中国丝绸文化，同时也丰富了世界丝绸文化宝库。就物质文明而言，中华民族在种桑、养蚕、缫丝、浣练、织造、印染、成衣、刺绣等方面开创了世界丝绸史的先河，满足了人们蔽体保暖的生理需求，并且在长期的实践中不断积累着生产经验。在精神文明方面，丝绸文化丰富和发展了中国的服饰典章、赋税制度、语言文学、工艺美术、舞蹈绘画、宗教信仰、风俗礼仪、审美情趣，渗透于中国人的人生观、哲学观、政治观、经济观、宗教观、道德观、外交观当中，以不同的方式，从不同的角度，塑造和影响了中国人的思想文化。

中国丝绸结成了东西方文化交流的纽带。从两千年前汉朝张骞出使西域开始，中国丝绸便源源不断地西行传入中亚、西亚和欧洲，为以前只有亚麻和羊毛的地区增添了精美适用的纺织新品种，而外国货物和文化也随之传入中国，形成了著名的"丝绸之路"。后来，又形成了联系全世界的"海上丝绸之路"。西方人借此从中世纪文明走向近代资本主义文明，开辟了人类文明史上的新纪元。随后，西方文明漂洋过海，渐进地延伸到东方大地，加速了中华民族走向科学、民主和现代化的进程。

中国丝绸多次在外交史上充当和平使者。中华民族是一个爱好和平的民族，中国是礼仪之邦，中国人民历来崇尚"化干戈为玉帛"的

丝路商队

理念。这里的"干戈"是指武器，泛指战争；"玉帛"是指和平时期礼尚往来的物品，具体而言，"帛"则是丝绸的代称。这个成语不仅表达了中国人民爱好和平的愿望，而且还将丝绸运用于和平外交的实践之中。中原王朝送给友好部族的礼物以丝绸为主，公主和亲以丝绸为嫁妆，而且丝绸也最受外国朋友的欢迎。在东亚古代历史上，"丝绸外交"占有十分重要的地位和作用。在中国当代外交中，无论是国家领导人相互馈赠，还是民间人士的友好往来，用中国丝绸做成的工艺礼品往往扮演着重要的角色。

　　总体而言，中国丝绸文化的内涵极为丰富，在历史变迁、民族融合、经贸往来、国际交流中不断嬗变和发展，形成了一种极富生命力的博大精深的体系，既古老又常新，既古典又时尚，奢华而不失雅致，富贵却惠及平民，跨越时空，贯通中外，从而构成了中华民族五千多年文化宝库中的精华部分。

丝绸的传说与神话

历史悠久的中国丝绸，早在公元前5世纪就给欧洲留下了神秘传说，被称为"赛尔"（Ser，希腊语），意为丝，中国则被称为"塞里斯"（Seres），意思为产丝之国。不过，这些传说有不少错误。例如，公元前后，罗马人普林尼（Pliny）描述道：中国"丝茧生在树叶上，但只要取来用水湿润它，便可理成丝，织成丝绸后运往罗马，裁作贵族妇人的服饰，光辉夺目"①。公元2世纪，希腊地理学家仍然认为："赛尔（Ser，这里代指产丝之虫）大约像甲虫2倍那么大，它吐丝的动作如同结网的蜘蛛。赛里斯人冬、夏两季各建专门房舍家养，赛尔所吐出的丝，把自己的脚缠绕起来。先用稷养4年，至第5年才用青芦饲养，这是这种虫最爱吃的东西。赛尔的寿命只有5年……吃青芦过量，血多身裂而后死，体内便是丝。"②可见，古代欧洲人对于中国丝绸了解甚少，传说中不乏谬误。

那么，在丝绸的发源地中国，蚕丝究竟从何而来？又有哪些传说呢？留下了什么样的神话？根据各种文献记载，我们可以知道这些传说和神话首先是和黄帝及其妻嫘祖联系在一起的。

黄帝是神话传说中的中华民族人文始祖，大约生活在五千年以前。他播种百谷草木、创造文字、始制衣冠、建造舟车、发明指南

---

① 转引自陈永昊等《中国丝绸文化》，浙江摄影出版社1995年版，第105页。
② 转引自陈永昊等《中国丝绸文化》，第107页。

车、定算数、制音律、创医学等，以统一华夏民族的丰功伟绩而被载入史册。在这个过程中，黄帝之妻嫘祖也作出了不可磨灭的贡献，她作为中国丝绸文化的缔造者，留下了悠久的神话传说。

有关嫘祖与蚕丝的神话在各地有不同的传说，下面是比较流行的一种：嫘祖母仪天下，经常带领妇女织麻网，剥兽皮，负责生产衣冠。因为劳累过度，嫘祖病倒了，饮食无味。一天傍晚，几个女人在山上采野果给嫘祖吃，发现了桑树上结着的白色小果子。众人摘下装满筐子后，匆匆忙忙下山。回来后，她们尝了尝白色小果，没有什么味道；又用牙咬了咬，怎么也咬不烂；便倒进锅里煮起来。煮了好长时间，还是咬不烂。一个女子随手拿起木棍，插进锅里乱搅，拉出来一看，木棍上缠着很多像头发丝的细白线。这是怎么回事？女子们继续边搅边缠，不久，煮在锅里的白色小果子变成了雪白的细丝线，晶莹夺目，柔软异常。她们立即把这个稀奇事告诉了嫘祖。嫘祖详细观察之后，高兴地说："这不是果子，不能吃，却有大用处。你们立下了一大功。"说也怪，嫘祖自从看了这白色丝线以后，病情就好转了。她亲自带领妇女上山看个究竟，在桑树林里观察了好几天，弄清楚了这种白色小果是一种虫子吐丝缠绕而成的，并非树上长出来的果子。她回来之后把此事报告给黄帝，并要求黄帝下令保护桑树林。从此，在嫘祖的倡导下，中国开始了栽桑、养蚕、缫丝、织绸的历史。

12

缫丝

后人为了纪念嫘祖衣被天下、福泽万民的功绩，尊称她为"先蚕娘娘"，为之建祠祭拜。早在西周时期（前1046~前771），祭祀"先蚕娘娘"之礼就已开始，此后历朝历代循而未改，皇后要亲自栽桑养蚕，以示榜样。中国历史上唯一的女皇唐代武则天（624~705）曾经诗赞嫘祖。1949年以前，在很多蚕区都能够看到一些与先蚕祠近似的蚕神庙，供奉着"先蚕娘娘"嫘祖。在当代中国，还有许多地方举办嫘祖文化节。

另外一个著名的关于丝绸起源的神话传说，则是马头娘的故事：远古时期一位父亲出外征战，家里的女儿思念不已。一天，女儿开玩笑地对自己养的一匹公马说："如果你能帮我把父亲接回来，我就嫁给你。"那匹马听了这话，真的跑去把父亲接了回来。为了感谢那匹

马，父亲精心地照顾它，谁知马不喜吃食，而每次见到姑娘则非常兴奋，高声长嘶。父亲感到非常奇怪，偷偷地问女儿。女儿就把先前对马说的戏言告诉了父亲。父亲恼怒之下杀了那匹马，将马皮挂在院子中。后来，父亲再次出征，女儿在院子里玩，用脚踢马皮，说："你是畜生，怎么能娶人当媳妇呢？你被杀死剥皮，不是自找的吗？"话还没说完，只见马皮腾空而起，卷着姑娘不见了。过了几天，姑娘和马皮化成了蚕，在树上吐丝。乡亲们便把这种树叫做"桑"。桑者，丧也，是说姑娘在桑树下献身。父亲知道了，十分伤心。一天，姑娘乘着此马，从天而降，对父亲说："天帝封我为女仙，位在九宫仙嫔之列，在天界过得很自在，请不必为女儿担心。"说罢，升天而去。后来，各地纷纷盖起蚕神庙，塑一女子之像，身披马皮，俗称"马头娘"，亦称"马明王"、"马鸣王"，祈祷蚕桑，十分灵验。这个传说经过民间艺人的加工改造，在浙江省湖州地区便形成了广为流传的叙事诗《马鸣王赞》，既积淀了浓郁的丝绸文化传统，也反映了有关养蚕的生产知识和生产习俗。

在四川省，关于蚕神有另外一个版本。四川简称"蜀"，蚕桑业一向发达，自古以来就流传着许多关于蚕丛的神话。许多专家学者认为，"蜀"字是由一棵弯曲的桑树和树下的一只蚕虫构成的。蚕丛是古代蜀国首位称王者，一位养蚕专家。据说他的眼睛跟螃蟹一样向前

突起，头发在脑后梳成椎髻，衣服样式向左交叉（通常汉族传统衣服为右衽，即向右交叉）。他居住在岷山石室中，后率领部族从岷山迁居成都，铸就了古蜀国的辉煌历史，也使四川盆地有了"蚕丛古国"的别称。考古发掘中，三星堆出土了不少与蚕丛氏相关的器物，如人像面具中的纵目式面具、椎髻和左衽服饰等。由于蚕丛对古代蜀国有开创之功，并且他常服青衣巡行郊野，教民蚕桑，故他被后代子民立祠纪念，尊奉为"青衣神"。

当然，在所有关于丝绸文化的神话故事当中，最为家喻户晓的人物便是牛郎织女了。起初，织女和牛郎分别作为星宿名称而出现在古代典籍当中，后来民间对织女星和牛郎星隔河互映的天文景象赋予了

三星堆出土古蚕丛国面具

神话传说，经过不断的演绎、加工、提炼，使之具有了特定的文化含义，以牛郎放牛种地、织女生产丝绸的形象，说明了丝绸文化在中国传统的男耕女织社会分工中具有典型意义。

牛郎织女鹊桥相会

第二章

蚕宝宝的生命寓意

　　古代希腊人、罗马人关于中国丝绸的传说，中国古代形成的有关嫘祖、马头娘等的神话，尽管有错误认识和虚构成分，但是都反映了一个真实的核心内容——丝是由一种虫子从嘴里吐出来的。这种吐丝的虫子就是蚕，在中国广大的养蚕地区，人们出于喜爱之情，给它取了一个昵称——蚕宝宝。

　　蚕宝宝的一生充满了神奇变幻的经历，有时简直不可思议。比如：蚕宝宝的身躯最长时不超过10厘米，可是从它嘴里吐出的蚕丝长度达1500米以上，有的甚至长达3000米；蚕虫初生时犹如小蚂蚁，但是生长极快，在短短的三四十天里，体表面积膨胀了500倍，而体重则增加了1万倍！

蚕宝宝

蚕宝宝生命短暂，却完成了数次转变和升华：从蚕卵中孵化出蚕蚁，通身黑色，长满细毛；以桑叶为生，不断进食，身体开始褪毛而变成白色；经历四次蜕皮和休眠之后，开始吐丝结茧，变成蚕蛹；然后羽化成为蚕蛾，破茧而出，雄蛾与雌蛾交尾后随即死去，雌蛾则在产卵500个后慢慢死去。至此，蚕宝宝完成了一个生命轮回，留下蚕丝，织成丝绸，造福人类。蚕宝宝不仅造福于人类物质生活，而且还丰富了中国的思想文化。仅就与蚕桑丝绸密切相关的成语典故而言，就有一百多个，其中有的通俗易懂，朗朗上口，有的则含义丰富，寓意深刻。

与蚕宝宝有关的成语典故，常见的有：

蚕食鲸吞 食：吃。吞：整个儿咽下去。意思为像蚕啃桑叶一样一点一点地来吃掉，或像鲸鱼吃食一样大口大口地吞下。其中，"蚕食"体现了蚕啃桑叶的一个传神细节：虽然是细小的动作，但无间断，持之以恒，积少成多，最后获得成功。

作茧自缚 意思为蚕吐丝作茧子，把自己包裹起来。比喻自己束缚自己，也比喻使自己陷入困境。这个成语概括了吐丝结茧的过程：蚕宝宝把从桑叶里吸收来的蛋白质，经过消化，转化成蚕体内生长发育所需要的蛋白质，最后把体内多余的蛋白质以丝的形式吐出来。这个吐丝的过程，实际上是蚕宝宝为自己建造房屋、免遭大自然淘汰、

赢得生存权的过程。在此过程中，洁白光亮的蚕宝宝不知疲倦地摇晃着小脑袋，认真地绕着"8"字形，吐着纤细光亮的长丝，一层一层地编结着一个椭圆形的蚕茧，一刻不停，一丝不苟，竭尽全力，吐完最后一口才作罢。这种工作到生命旅程最后一刻的顽强执着精神，被诗人概括为"春蚕到死丝方尽"，并且被赋予了丰富多彩的社会内容和人生寓意。

破茧而出　化蛹成蛾　蚕宝宝吐丝结茧之后，便在茧房休眠，随着体内温度的不断增加，逐渐发育，变成了蛾，然后吐出体内的碱性液体，把蚕茧的一端润湿和溶解。蚕蛾从这里把茧顶破，先伸出头，再用脚的力量向前推，露出胸、腹部，接着整只爬出。这时蚕蛾的翅膀是湿湿的、皱皱的，大约一小时后翅膀才会变硬。整个过程是艰难的、痛苦的，但同时也是必需的，因为只有完成了这个过程，才能激发它体内的各种潜能，成为一只美丽、健康的飞蛾。如果有人出于好心帮它撕开茧壳，解除它破茧时的痛苦，其实是害了它，因为免除了破茧的痛苦将会导致飞蛾的终生残废！这个过程对于我们的人生，也有很多的启发意义，因此人们用"破茧而出"、"化蛹成蛾"来比喻经历磨难，走出困境，获得新生乃至生命升华。

伫之蚕室　伫：被放置。蚕室：指养蚕时所需的避风而温暖的密室，这里指因受宫刑之人怕风，所以需要室内温暖严密。意思为居住

于蚕室，指受宫刑。著名的汉代历史学家司马迁（前145～前87）当年因为触怒汉武帝而被处以这种既伤身体又损尊严的刑罚，后来发愤著书，写下了千古名篇《史记》。

蚕宝宝最喜爱的食物是桑叶，成语典故中也有不少关于"桑"的内容，常见的有：

沧海桑田　桑田：农田。意思是大海变成桑田，桑田变成大海。比喻世事变化很大。

郑卫桑间　郑卫：指春秋战国时期（前770～前221）的郑国与卫国，也指郑、卫二国的音乐，有时专指《诗经》中郑国与卫国的民间诗歌。桑间：本意指桑林中，借指《诗经》中的《桑间》之咏，泛指淫靡之音或者男女幽会之地。古代人认为郑卫之俗轻靡淫逸，因而以该成语借指风俗浮华淫靡的地方。

失之东隅，收之桑榆　东隅：东方日出之处指早晨。桑榆：西方日落之处指傍晚。比喻开始在这一方面失败了，最后在另一方面取得胜利。该成语常用于励志，鼓励人们不要因为遇到困难而灰心丧气。与此接近的成语有"东隅已逝，桑榆非晚"，意思为早年的时光虽然已经逝去，但如果珍惜将来的岁月，还为时不晚。

蚕宝宝夜以继日地工作，吐出长丝，结成银白色的茧子，却不是留给自己享用，而是把温暖和美丽全都献给了人类。人们把蚕茧缫出

一捆捆银白闪光的丝，纺织和印染成一匹匹美丽的绫罗绸缎，同时还加工出一卷卷雪白而又暖和的丝绵。最后，蚕宝宝连自己的身体——蚕蛹，也毫无保留地献给了人类。在这个过程中，蚕宝宝又默默地奉献出一批与丝绸相关的成语典故。

抽丝剥茧　意思为丝得一根一根地抽，茧得一层一层地剥。这里是用缫丝的工艺要求来形容分析事物极为细致，而且一步一步很有层次。与此含义接近的词语还有"条分缕析"、"丝丝入扣"、"有条不紊"等。

单丝不线　意思为一根丝无法织成线。比喻个人力量单薄，难把事情办成；也比喻单身，没有配偶。

未雨绸缪　绸缪：用丝绸紧密地缠缚。本义是指在下雨前就要修缮好门窗。比喻事先作好准备，防患于未然。

《采桑图》

满腹经纶　经纶：整理丝缕，引申为人的才学、本领。形容人饱读诗书，胸中极有才干和智谋。

锦心绣口　锦、绣：均指精美鲜艳的丝织品。形容文思优美，辞藻华丽。

衣锦还乡　衣锦：指穿着精美鲜艳的丝织品。根据司马迁《史记》所载，楚霸王项羽乡土观念很浓厚，取得成功后却不愿意定都他乡，说："富贵不归故乡，如衣绣夜行，谁知之者？"后人在此基础上概括某些成功人士的人生归宿为"衣锦还乡"，意指富贵以后穿着华丽的衣服回到故乡。

蚕宝宝生命轨迹的奇幻变化，引起了古代哲学家、思想家的极大兴趣和认真思考。他们借助于观察和礼赞蚕宝宝这个切入点，认真思考社会和人生，使丝绸文化充满了哲理。这方面的代表性作品是战国时代（前475～前221）荀子留下的《蚕赋》。该文犹如一则谜语，通过层层叠叠的比喻和设问描述了蚕的特性，最后自己揭开谜底。全文虽然字数不多，但是准确而又栩栩如生地赞美了蚕宝宝的生命轨迹和成长特性，而且还在生理现象的描绘之中蕴含着哲理思辨："有一种裸体生物，像神仙一样变化。造福于天下，被后世万代称颂。她有助于建立等级贵贱制度……她完成了事业却牺牲了自己……她在冬天蛰伏，但是在夏天活动，吃桑叶却吐丝，开始紊乱，但是最终有条不

絭，她生于夏天却讨厌酷暑，喜欢湿润天气却讨厌下雨……她三次跌倒却又三次崛起，最终完成了伟大事业。这就是蚕的一生所蕴含的道理。"① 这是一篇典型的以丝绸文化来比喻说明社会理想、人生哲理的传世文赋，寓意丰富而悠长。

----

① 此为现代汉语译文，原文为："有物于此，儵儵兮其状，屡化如神。功被天下，为万世文。礼乐以成，贵贱之分。……功立而身废……冬伏而夏游，食桑而吐丝，前乱而后治，夏生而恶暑，喜湿而恶雨。……三俯三起，事乃大已。夫是之谓蚕理。"

丝绸的起源与发展

第三章

　　中国丝绸究竟起源于什么时代？在神话传说中，一般会上溯到黄帝的正妃嫘祖时代。这并非完全是空穴来风，而是有着考古学依据。在山西夏县西阴村的新石器遗址中，考古学者发现了丝质茧壳化石，据此可以推断早在六千年以前中华民族的发源地黄河流域便有了蚕茧，并为人们所利用。而在中华民族的另外一个发源地——长江流域，考古人员在江苏省吴县梅堰新石器时代遗址中，发现了绘有蚕纹装饰的陶片。更令人惊奇的是，考古人员在浙江吴兴钱山漾良渚文化遗址中发现了丝线、丝带和平纹绢残片，其鉴定结论为：这是世界上最早的丝绢残片，距今五千年左右，基本上对应着神话传说中的黄帝和嫘祖时代。

　　夏商周时期（前23世纪～前3世纪）的蚕桑丝绸业的发展，也得到了许多考古学方面的实物印证。商代甲骨文上已有蚕、桑、丝、帛等象形文字和祭祀蚕神的记载以及有关蚕桑的完整卜辞，可见桑蚕业已经在物质生产和精神生活中担当了重要角色。河南安阳殷墟墓出土的青铜器，上面有清晰可辨的菱形斜纹丝织物的残痕。周朝青铜器铭文中有关蚕桑丝绸的内容，则更加丰富。

　　春秋战国时期（前770～前221），诸侯林立，列国争雄，各国都奖励蚕桑生产，将其作为富国利民的要策，使各地丝绸业呈现出一派兴旺景象。从地域分布来看，丝绸生产遍布全中国，中原地区胜于江

南；从生产水平来看，养蚕方法讲究，缫丝质量很高，其纤维之细之匀，可与近代产品相媲美；从丝绸品种来看，有十几种之多，山东的"齐纨"、"鲁缟"，河南的"卫锦"，湖北的"荆绮"，湖南的"楚练"，都是当时独具地方特色的丝绸精品。

汉代（前202～220）是中国历史发展的一座高峰，与此相适应，汉代丝绸业也进入了历史上的第一个高峰时期。为了发展蚕桑生产，汉代中央政府专门设置了蚕业管理机构，在京城长安设立了"东织室"和"西织室"，在河南和山东分别设立了"三服官"，在四川设立了"锦官"。这些都是专门的丝织机构，各拥有数千名织工，专门为皇宫、王室织造上等丝织品。汉代丝绸产量之多，使得汉武帝曾经一年之中就向百姓征收捐税达500万匹丝绢。汉代丝绸品质之精，可以1972年湖南长沙马王堆西汉墓出土的素纱禅衣为代表。

这件素纱禅衣组织结构为平纹交织，所用原料的纤度较细，仅重49克，如果除去袖口和领口较重的边缘，重量只有25克左右，折叠后甚至可以放入火柴盒中。它代表了汉代养蚕、缫丝、织造工艺的最高水平，也是迄今为止世界上最轻的丝织品。湖南省博物馆曾委托南京云锦研究所复制这件总重49克的素纱禅衣。但复制出来的第一件素纱禅衣重量超过80克。后来，专家共同研究才找到答案，原来是现代蚕宝宝比几千年前的要肥胖许多，吐出来的丝明显要粗重，所以织成衣

物也就重多了。紧接着专家们着手研究一种特殊的食料喂养蚕，控制蚕宝宝的个头，再采用这些小巧苗条的蚕宝宝吐出的丝复制素纱禅衣，终于织成了一件49.5克的仿真素纱禅衣。这一研究竟耗费了专家们十三年的心血！

从古代丝织技术和艺术的发展来看，唐代（618～907）正好是一个转折时期。随着与中亚、西亚的文化交流更加频繁，唐代工匠不断汲取西方纺织文化的营养，改进传统织造技术，改变传统丝绸图案，逐步形成了一个新的丝织体系，直到清代（1644～1912）基本上没有改变。盛唐时期的丝织品没有了以往的神秘、细腻，也不再简约、古朴，丝绸的色彩艳丽豪华，图案以洋溢着生活气息的花鸟居多。百鸟争鸣，蜂蝶翩舞，显示出一派春意融融、生机勃勃的景象。盛唐社会的安定统一，开疆拓土的豪气与霸气，在这滑爽细腻的丝绸上发挥得淋漓尽致，也让中国丝绸步入了一个更加光辉灿烂的黄金时代，达到第二个高峰时期。按照专家计算，唐代人口很多，每户人家都按照官府规定去生产丝绸，一般来说每户人家大概有十亩桑地，可以生产出十匹丝绸，这应该算是中国古代户均丝绸产量的最高峰时期。

从公元10世纪宋代开始，中国经济重心由北方逐渐转移到南方，丝绸业的中心也随之聚集于江南地区，无论是生产规模、技术工艺，还是经营方式，江南丝绸业都逐步超过了北方。现存的一幅宋代《蚕

（唐）张萱《捣练图》

织图》将江南蚕织户从"腊月浴蚕"到"下机入箱"为止的养蚕、织帛的整个生产过程描绘得淋漓尽致。该卷由24个场面组成，用长房贯穿，每个场面下有楷书小字，注明内容。全卷场面宏大，共绘74人，翁姬长幼，皆穿宋装。图中人物的神态举止，惟妙惟肖；桑树、户牖、几席、蚕具、织具等绘制逼真，富有写实之风。

从明代开始，中国丝绸产品通过发达的海上贸易输往东南亚和葡萄牙、西班牙、荷兰、英国、法国等欧洲国家。直到19世纪末叶，丝绸产品一直是中国对外出口商品中的最大宗物品，并且在国际生丝贸

易市场上牢牢地居于霸主地位。

　　丝织业的发达造就了各地独具特色的刺绣工艺。春秋战国时期，刺绣工艺已有夸张变形的龙、凤、虎等动物图案，有的还间以花草或几何图形，神情兼备，错落有致，用色丰富，对比和谐，画面极富韵律感。秦汉时期（前221～220），不仅帝王之家绮绣遍地，而且一般富人也穿五色绣衣，家居用具也用绣品。南北朝时期（420～589），绣制佛像之风盛行，绣法严整精工，色彩瑰丽雄奇，这类工艺品今天可在英国、日本博物馆里看到。唐代刺绣推陈出新，发明了"平针

绣"这种流传至今的绣法。宋代绣品在开创观赏性刺绣艺术方面堪称绝后，女子学习女红，刺绣是一项基本技艺，并且是富家女性消遣养性、从事精神创造活动的主要手段。许多文人也积极参与，形成了画师供稿、艺人绣制、画绣结合、精品倍增的局面。明清两代（1368～1912）成为中国历史上刺绣最为风行的时期，一些地方性的刺绣流派如雨后春笋般兴起，著名的有苏绣、粤绣、蜀绣、湘绣、京绣、鲁绣等，同时也吸收外来文化，绣品表现出东西文化交融的时代特色。

　　如今，尽管机械化生产业已取代了传统手工业，但作为传统文化遗产的刺绣技艺却被很好地继承了下来。中国不仅有许多地方名绣，而且一些少数民族也都有其精彩的民族刺绣。刺绣工艺不仅用于服饰和家居用品中，而且融合了中国绘画、书法的审美要素，以一种独特的艺术品形象，生动展示着中华丝绸文化的特色。

丝绸经济贯通古今

　　据报道，印度至今有一种入葬习俗，人们对于德高望重的逝者，要用丝绸裹尸以示尊重。事实上，这种丝绸崇拜最早起源于古代中国，并且至今流行于中国江南蚕乡。无论是神话传说还是考古研究都表明，早在距今五六千年以前的新石器时期，中国古代先民就产生了蚕桑丝绸崇拜。人们将桑树用于宗庙祭祀；把桑叶看作神叶，当作药材以祛暑清热。"桑梓"成了人们对自己家园的美好称谓，而事实上，桑梓是蚕宝宝真正的家园。在上古时代的中国人眼里，蚕是一种神圣的动物。蚕由点点蚕卵变为蚕蚁，然后成为青虫，蜕变之后吐丝成茧，羽化为蛾，化为飞翔的精灵——这是一个美好、圆满的生命轮回，令人羡慕和崇拜。于是，中国古人赋予了它神秘、高贵的人文色彩。丝绸在中国古代最初是用于祭天，或者用于裹尸入葬，或者用来包裹贵重物品，随同主人一同殉葬。

　　然而，古代丝绸毕竟是作为贵重衣料而出现的，在历代官服和富贵人家的服饰中占有着重要的地位。商周时代，衣服材料主要是皮、革、丝、麻，当时人们已能精细织造极薄的绸子、提花几何纹锦绮和绞织的罗纱。春秋战国时期，穿着丝绸衣料是生活富足安康的象征，不仅王侯公卿一身贵重的丝绸华服，而且穿粗麻短衣的平民百姓平时也戴着用未经染色的白丝绢做成的帽子。魏晋南北朝时期（220～589），服饰有所变革，冠帽已多用由折角巾、菱角巾、紫

纶巾、白纶巾等丝绸做成的巾帽。宋代，官服面料以罗为主。明代
（1368～1644），官员头戴用丝绸做成的乌纱帽，而无官职的平民则
不得顶戴。清代，官服的主要品种为长袍马褂，以丝绸为衣料，至于
贵妇所穿的旗袍则更是以精美丝绸缝制而成的。

　　中国古代丝绸服饰与礼仪等级有着密切的关系，是"分尊卑，别
贵贱"的工具之一和物化表现。周代（前11世纪中期～前256年），
服饰有严格规定，尊卑等级十分明显，纳入礼仪范畴。当时发达的纺
织印染技术为周朝建立完善的服饰制度提供了坚实的物质基础。在中
国古代服饰制度中，最能反映丝绸与等级制度的密切关系的，则是文
武百官的补服。补服是一种饰有品级徽识的官服，或称"补袍"，与

武官补服

38

文官补服

其他官服的主要区别是：其服饰的前胸、后背各缀有一块形式、内容及意义相同的补子。因此，只要一望补子上的纹样，便可知其人的官阶品位，这有点类似于现今军官的军衔。补服定型于明代，当时官吏所穿的丝绸大袍胸前、背后各缀一块方形补子，文官服装绣着飞禽以示文明，武官服装绣着猛兽以示威武。其制作方法有织锦、刺绣和缂丝三种。

丝绸产生以后，因为本身质地精美，价值较高并且稳定，相对而言便于携带，有时便行使了货币的职能，成为财富的象征，加速了商品流通。西周（前11世纪中期～前771年）中期，有一篇青铜铭文记载：奴隶主曶曾向另一个奴隶主买来五名奴隶，其代价是用一匹马加

一束丝，双方还订立了契约。可见，一束丝在当时价值不菲，同时充
当了某种货币符号。中国古代第一部诗歌总集《诗经》当中《氓》的
开头描写了一位青年男子抱着麻布与一位妙龄女子交换丝绸的故事，
这说明春秋战国时期，中原地区的生丝贸易已经比较普遍，人们对此
习以为常。《史记》描述了春秋战国时代山东蚕桑业的发达盛况：
"齐纨鲁缟，衣被天下"，"齐鲁千亩桑，与万户侯等"。这既说明
山东丝绸已经流通于各地，也说明拥有一定规模的蚕桑丝绸便成为拥
有财富的象征。唐代白居易（772～846）《新乐府》组诗中的《卖炭
翁》结尾写道："半匹红绡一丈绫，系向牛头充炭值。"也说明丝绸
实际上承担了某种货币职能。

在历朝历代的进贡物品和税赋体系当中，丝绸也曾经扮演着重要
角色。古代典籍《尚书》、《史记》多次记载了许多地区的重要贡品
都包括丝绸类制品。战国时期秦国的商鞅变法将养蚕、制丝与缴纳赋
税联系在一起。汉代宫廷和各地官府拥有大量丝绸，除了用于王公贵
族的衣料外，还服务于均输（实物纳税）和平准（稳定物价）。到了
三国时期（220～280），征收丝绸第一次被政府以明文规定纳入了赋
税体系，这在历史上具有标志性的意义，影响了此后历代政府的赋税
制度。唐朝"租庸调"制度规定：每个成年男子每年向国家缴纳粟二
石，此为"租"；缴纳绢二丈、棉三两，此为"调"；服役二十日，

称"正役"，不役者每日缴纳绢三尺，此为"庸"。这些规定的突出特点在于，服役与纳绢之间有了一定的灵活性，可用纳绢代替服役，丝绸的货币功能得到了充分体现。丝绸不仅与政府的赋税政策有关，而且还成为国家财富的象征。直到明朝中叶，作为实物赋税形态的丝绸才淡出了赋税体系而让位于银两。

丝绸业还见证了江南地区的资本主义萌芽。随着商品经济的发展，从明朝开始，一些善于经营的地主在积累了钱财之后，雇人种桑、养蚕、织绸，将产品投入市场，从中赢利。有些商人不仅贩卖丝绸，而且自家买茧开车缫丝，有的以包买主的形式直接支配小生产者。在苏州、杭州等丝织业发达地区，出现了许多拥有大量资金和几台至几十台织机、雇用几个至几十个工人的机户。这些机户，都是拥有一定数量资金和织机、雇用较多机工的手工工场主，已经完成了资本的早期原始积累。与此同时，出现了一批靠出卖劳动力为生的丝织手工业者。在丝织业发达的苏州，有些丝织工匠有固定的雇主，每日领取工作报酬；而没有固定雇主的丝织工匠，则每天黎明聚集桥头，等待雇用。丝织业领域这种"机户出资，机工出力"状况由来已久，是明代江南地区资本主义萌芽的典型表现。

1840年鸦片战争以后，长期闭关自守的中国被迫打开大门，对外贸易迅速扩大，本来就在国际市场占据霸主地位的丝绸及生丝一直是

中国对外输出的最大宗物品，其贸易额长期居于各类出口商品的首位。然而，表面的光鲜并不能掩盖其背后的危机，中国蚕桑丝绸业面临着数千年来未有之变局。这时的欧美国家已经进入了工业化时代，机器织绸对生丝原料提出了更高的要求，中国的手工缫丝日渐落伍；东邻日本自从明治维新以后把发展机器缫丝业当作实现工业化的龙头产业，采取各种措施抢占国际市场，排挤了中国而居世界丝市的霸主地位；同时，随着西学东渐，中国蚕桑丝绸业面临着全方位、系统性改造的压力。这既是危机，又是契机。跨入近代门槛的中国丝绸文化，迎接挑战，奋力改良，犹如春蚕那样数次蜕变，化蛹成蛾，完成了一次次升华。

1872年，广东南海县陈启沅创办的继昌隆缫丝厂是中国历史上最早的民间资本创办的机器工厂之一，成为民族工业的先驱。1897年，杭州知府林迪臣创办了中国第一家蚕丝业学校——浙江蚕学馆，培养了专业人才，改进了蚕种、养蚕和缫丝技术，并对蚕丝业科技书籍的编著和介绍等作出了贡献。1898年，上海育蚕试验场成立，这是中国第一家蚕业研究机构。到1908年，全国共设有七处农事试验场，都设有蚕桑科目。各地建立了一批推广蚕丝业改良的官方机构和民间组织，如农桑总会、蚕桑局、蚕棉局、蚕务局、蚕桑公社、丝厂、茧业总工所等，有识之士引进了法国微生物学家巴斯德（Louis Pasteur）

发明的以显微镜检查微粒子蚕病毒的方法，不仅研制了改良蚕种，而且还推动了微生物学科在中国的建立。凡此种种，标志着有数千年传统的中国蚕丝业发生了质的变化，开始走上了近代化道路。

中华人民共和国成立以后，尤其是改革开放以来，经过几代人的努力，蚕桑丝绸业得到迅猛发展，其兴旺发达为历史上绝无仅有。到1995年，蚕茧产量76万吨，生丝产量11万吨，绸类产量31亿米，均超过历史上最高水平，在出口贸易的国际市场上已经远远超过了日本，重新成为世界上头号丝类产品出口国。

丝绸之路连接中西

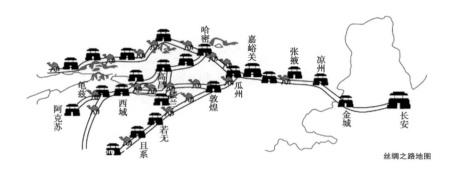

第五章

丝绸之路地图

　　丝绸以它柔顺的质地、绚丽的色彩、丰富的纹样，在古代中国成为上层社会的奢侈品，象征着主人的身份和地位，同时也为古代中国的对外交往作出了突出贡献。从汉代开始，丝绸随着商人、使者、僧侣、旅行家的足迹，甚至伴随着征战者的铁马金戈，传到了中亚、西亚，传到了阿拉伯乃至欧洲，成为中国和西方国家进行大规模经济、文化交流的纽带，架起了中西交通的桥梁，并且被赋予了新的内涵。这座中西交通的"桥梁"以一个响亮的专有名词而著称于世——丝绸之路（the Silk Road）。

　　说起这个专有名词，倒有一段插曲。从汉代张骞出使西域以来，对这条最远能够到达欧洲罗马的中西交通要道，历史上曾经有过"皮毛之路"、"玉石之路"、"珠宝之路"、"香料之路"、"佛教之路"和"陶瓷之路"等不同的称呼，但是都不足以概括它的神韵。第一次为这条东西大道赋予诗意名称的是德国地理学家李希霍芬

（Ferdinand von Richthofen），他于19世纪70年代首先提出了"丝绸之路"这个概念。1910年，德国历史学家赫尔曼（A. Herrmann）在其著作中进一步确定了丝绸之路的基本内涵，即它是中国古代经由中亚通往南亚、西亚以及欧洲、北非的陆上贸易的交往通道，因为大量的中国丝和丝织品经由此路西传，故此称作"丝绸之路"，简称"丝路"。

张骞出使西域

当汉代张骞、班超等人出使西域的时候，西方崛起了横跨欧、亚、非三大洲的罗马帝国。尽管当时罗马人和中国人没有任何直接的

联系，但是通过往返于丝绸之路的中亚商人转手贸易，他们获得了来自遥远东方的中国丝绸，并且迷恋不已，甚至达到狂热程度，购买丝绸一掷千金，即使价格不亚于等量黄金也在所不惜，从而导致黄金大量外流，引起社会不满。与当地原有的亚麻和羊毛相比，丝绸柔韧舒适，深受男女喜爱，最初用于装饰，后来用于包裹坐垫，最后用来制作服装。作为一种奢侈品，丝绸引领了罗马贵族夫人的衣着时尚。公元1世纪，一个罗马人抱怨说："女人穿上它，便发誓自己并非赤身裸体，其实别人并不相信她的话。人们花费巨资……却只是为了让我们的贵妇人在公共场合，能像在她们的房间里一样，裸体接待情人。"①

然而，抱怨归抱怨，丝绸的魅力毕竟挡不住。据说，古罗马恺撒（Gaius Julius Caesar）大帝穿着中国丝绸袍服去看戏，引起了巨大的轰动，人们争先恐后、目不转睛地盯着他身上空前豪华的服装。一位罗马作家称赞说："丝国制造宝贵的花绸，它的色彩像野花一样美丽，它的质料像蛛网一样纤细。"②史料记载，埃及亚历山大城已经是丝绸的集散地，前后与恺撒大帝和安东尼（Anthony）将军有过刻骨铭心的爱情经历的埃及艳后克娄巴特拉（Cleopatra）酷爱穿来自中

49

---

① [法]Jean-Pierre Drege著，吴岳添译：《丝绸之路——东方和西方的交流传奇》，上海书店出版社1998年版，第14页。

② 陈良：《丝绸史话》，甘肃人民出版社1983年版，第4～5页。

国的丝绸织品，曾经穿着丝绸外衣接见使节。有一幅图画显示，埃及艳后最终走投无路，被迫以毒蛇来自杀时，仍然穿着丝绸袍服。到了东汉后期，罗马使节带着对东方文化的向往，通过丝绸之路来到中国，并开展对中国的丝绸贸易。

　　出于对精美丝绸的艳羡，一些国家开始引种蚕桑。关于中国蚕桑种子往今新疆和更远地区的传播过程，留下了许多传说。唐朝僧人玄奘西行取经返回途经于阗（今新疆和田）时，听到一则有关"传蚕公主"的传说，现存的文献也有大同小异的记载。主要情节是：古代西域丝绸与黄金等价，各地均欲向中原王朝引种蚕桑，但是中原王朝严禁蚕桑种子出关。于阗国王娶中原王朝公主为王后，暗中要求对方将蚕种带来。新娘下嫁时，偷偷把蚕桑种子藏在帽絮中，边防官员碍于公主的身份而不敢搜查，蚕桑种子得以闯过关卡，养蚕、缫丝方法也随之传到了于阗。此后，于阗桑树连荫，可以自制丝绸了，于阗国王为此建寺纪念。考古学者曾在和田发现了一块公元8世纪的木版画，上面绘着一位带着一顶大帽子的中国公主，这应该就是传蚕公主的故事写照。

　　至于更远的西方世界何时开始栽桑、养蚕、织绸，则流传着"查士丁尼国王的烦恼"的传说。故事发生在公元6世纪中期，东罗马帝国与波斯战事方酣。东罗马帝国有两座城市是重要的丝绸中心。但是

蚕丝要从波斯商人那里买来，不仅所费甚巨，且常常因为战争而受阻，这使东罗马帝国查士丁尼国王大感头痛。为此，他派了两名僧侣到中国江浙一带学习养蚕、缫丝、织锦。这两名僧侣弄到了蚕桑种子后，在泉州买通了一位船家，秘密混出了层层关卡，在公元552年将中国的养蚕、缫丝、织锦技术传入东罗马帝国。

中国丝绸的外传，为许多国家带来了新的衣料物品和蚕桑丝绸之利。在朝鲜，传说早在公元前12世纪，箕子就带去了蚕桑丝织技术。秦朝，不少中国人为逃避苦役，渡海前往朝鲜，传授蚕丝技术。在日本，有来自秦朝的兄弟二人东渡黄海而来，传授蚕桑丝织技术。公元3世纪，日本的这类记载逐渐增多。在东南亚和南亚，公元前2世纪，中国海船从雷州半岛出发，航行到越南、泰国、缅甸、印度、斯里兰卡、苏门答腊岛等沿海地区，带去了大批丝绸。在罗马和波斯，至少在东汉时期（25～220）已经传入了中国的蚕桑品种，甚至当地已经具备了一定水平的丝织技术。

"丝绸之路"以丝绸而得名，但是它的内涵绝不局限于丝绸，因为世界历史上许多次民族大迁徙沿着此路而展开，许多东西方商旅沿着此路、伴着驼铃而进行经贸往来，中国文化、罗马文化、波斯文化、阿拉伯文化、中亚文化和印度文化都曾在这条千年大道上登场，荟萃一堂。因此，这条丝绸之路除了留下许多故事传说，见证无数历

史画卷之外，还在丝绸之外的东西方经济、文化交流方面产生了巨大的影响。

在经济交流方面，丝绸之路为沿途东西方国家带来了许多新的物品和物种，繁荣和发展了有关国家的经济生活。我们今天所常见的一些蔬菜植物，并非都是内地原产。苜蓿、葡萄、菠菜、黄瓜、石榴，以及古代文献中记载的一批带有"胡"字的植物，如胡豆、胡桃、胡葱、胡荽、胡椒、胡萝卜

胡 舞

等，十有八九都来自西域，来自于丝绸之路。同时，罗马的玻璃器、中亚的乐舞杂技，也纷纷从丝绸之路传入中国。东汉末年，因为在位的汉灵帝喜欢胡服、胡帐、胡床、胡座、胡笛、胡舞，于是京城中的皇亲国戚、达官显贵便竞相仿效。与此同时，中国一大批精美的物产和技术通过丝绸之路传到了西亚，传到了欧洲，如商队从中

国运出铁器、金器、银器、镜子和其他制品以及漆器、瓷器、火药、指南针等，丰富了西方国家的社会生活，为世界文明作出了重大的贡献。

在文化交流方面，随着丝绸之路的开辟，纸制品开始在西域以及更远的地方出现。考古人员在楼兰遗址发现了公元2世纪的纸张。公元8世纪前后，阿拉伯人曾经俘获一批擅长于造纸术的唐朝工匠，造纸术由此传播到西方。中国古代印刷术也是沿着丝绸之路逐渐西传的技术之一。在敦煌、吐鲁番等地，已经发现了用于雕版印刷的木刻版和部分纸制品，其中唐代《金刚经》的雕版残本如今仍保存于伦敦的大英图书馆。笔者曾在那里一睹为快，大开眼界。公元13世纪，不少欧洲旅行者沿着丝绸之路来到中国，将印刷技术带回欧洲。同时，一些外国的宗教，如佛教、拜火教、摩尼教和景教，也随着丝绸之路传播到中国，并且传播到韩国、日本与其他亚洲国家。

中国丝绸还通过海上交通线源源不断地销往世界各国，有的学者又进而加以引申，称之为"海上丝绸之路"。汉武帝（前156～前87）派遣使者和应募商人出海贸易，航程曾经远达东南亚、印度洋。公元10世纪以后，随着中国南方的进一步开发和经济重心的南移，从东南沿海城市广州、泉州、杭州等地出发的海上航路日益发达，越走越远，从南洋到阿拉伯海，甚至远达非洲东海岸。到了公元15世纪

初期，明朝郑和率领当时世界上最庞大的、由300多艘宝船组成的舰队，穿过马六甲海峡，航行于印度洋，最远到达非洲东海岸，在完成了七下西洋壮举的同时，也带去了精美无比的丝绸、瓷器以及其他精湛的中华工艺制品。

2003年3月，从伦敦传来了一条惊人的信息，英国退役海军军官加文·孟席斯（Gavin Menzies）在一个有200多人参加的发布会上宣布：中国人最早绘制了世界海图，郑和是世界环球航行第一人。孟席斯不是信口开河，他有专业的航海知识，先后到过120多个国家，访问了900多家图书馆和博物馆，走访了中世纪末期世界所有的主要港口，经过了14年的潜心钻研，出版了他的研究成果《1421：中国发现世界》。如果他的研究成果得以证实，那么达伽马、哥伦布、麦哲伦的航海贡献将要被重新评估，世界航海历史要重新撰写；如果他的研究成果得以证实，那就说明中国丝绸随着郑和开辟的海上丝绸之路在15世纪初叶已经传播到了世界各大洲。

丝绸诗歌多姿多彩

　　丝绸诞生以后，随着社会的发展，日积月累地被赋予了丰富多彩的文化内涵。早在远古的仓颉造字传说时代，先民就用"糸部"来表示与丝绸有关的文字。在甲骨文、青铜器铭文中，已经发现了蚕、桑、丝、帛等的象形字体。在东汉许慎（约58～147）所著的中国第一部字典《说文解字》当中，"糸部"已经被专门列出，有248个字，在所收录的9353个篆字当中占3%，内容涉及丝绸织造的原料、工具、工序、成品、色彩①，名目繁多，品种齐全，说明汉代丝绸业已经发展到很高的阶段。而在古代典籍如《尚书》、《左传》、《史记》当中，有关丝绸的记载早已不绝如缕。

　　更为重要的是，从春秋战国开始，丝绸文化已经从最初的象形、指事发展到了会意、抽象，由直指的意义发展到联想和象征，由客观陈述发展到形象表达乃至抽象思考，以其丰富的内涵滋润了中国文学园地，浇灌了古典诗歌这朵艺术奇葩。

　　中国古代第一部诗歌总集《诗经》共有305篇，其中涉及丝绸文化的诗歌有二三十首，从不同的角度反映了春秋战国时期丰富的社会现实。有些诗歌反映了农业生产，如《七月》描写的内容有："春天阳光暖融融，黄鹂婉转唱着歌。姑娘提着深竹筐，一路沿着小道走，

57

_____

　　① 参见邵湘萍《从〈说文·糸部〉字看中国古代丝织业》，载《襄樊学院学报》1999年第3期。

伸手采摘嫩桑叶。春来日子渐渐长……三月修剪桑树枝，取来锋利的斧头，砍掉高高长枝条，攀着细枝摘嫩桑。七月伯劳声声叫，八月开始把麻织。染丝有黑又有黄，我的红色更鲜亮，献给贵人做衣裳。"①

这首诗根据农事活动顺序，以平铺直叙的手法，逐月展示农业生产中的各个场面，其中蚕桑丝绸的生产过程得到了完整的反映。

有些诗歌描写了采桑活动的紧张与愉悦，如《十亩之间》写道："一块桑地十亩大，采桑人儿都息下。走啊走，让我和你同回家。桑树连桑十亩外，采桑人儿闲下来。走啊走，让我和你在一块儿。"② 这是采桑人在一天紧张的劳动快要结束的时候，呼唤着同伴同归的歌唱。从中我们不难感受到当时的人们在一番紧张劳动之后休息时的愉快。

在《诗经》中，蚕桑丝绸已经成为青年男女爱情的见证和象征。《桑中》三章的内容轻松明快，在叙事中有抒情，在设问中有期待，每章结尾都是抒情主人公的真情告白和理想结局："与我约会在桑林

———————

① 《国风·豳风·七月》，载http://baike.baidu.com/view/1820848.htm。此为现代汉语译文，原文为："春日载阳，有鸣仓庚。女执懿筐，遵彼微行，爰求柔桑。春日迟迟……蚕月条桑，取彼斧斨，以伐远扬，猗彼女桑。七月鸣鵙，八月载绩。载玄载黄，我朱孔阳，为公子裳。"

② 陈永昊等：《中国丝绸文化》，第439页。此为现代汉语译文，原文为："十亩之间兮，桑者闲闲兮。行与子还兮。十亩之外兮，桑者泄泄兮。行与子逝兮。"

《桑蚕图》

中，邀请我来到上宫，送别我在淇水之畔。"在这里，桑林已经成为青年男女的爱情摇篮。从此之后，便有了成语典故"桑中之约"，指男女之间的约会；"桑间之咏"，喻指描写男女情爱的诗歌。

《诗经·氓》叙事长诗的开头娓娓道出了一对青年男女因为丝绸而相识、相恋："憨厚农家小伙子，抱着布匹来换丝。其实换丝是托词，借机示爱议婚事。"① 双方虽然约好了婚期，谁知阴差阳错，未

---

① 此为现代汉语译文，原文为："氓之蚩蚩，抱布贸丝。匪来贸丝，来即我谋。"

能如期举行。为此，女子一再向男子解释原因并且许诺安慰："耽误婚期非我错，你家媒婆惹的祸。可别生气勿着急，婚期应该在秋季。"[1] 新婚燕尔，他们沉迷于无比的欢悦之中。这时，饱经风霜的桑叶和桑葚以隐约象征的手法向新婚蜜月中的女主人公发出了忠告："桑树叶儿未曾落，又绿又嫩真新鲜。班鸠啊，见到桑葚别嘴馋。姑娘啊，不要和男人纠缠。男人沉溺爱情还可以脱身。女人一旦坠入爱河，则无法挣脱。"[2] 结果，不幸而言中，这位任劳任怨的女子饱受家庭暴力之苦，三年之后被赶出了家门。关于这场情变悲剧的原因，仍然是桑叶以隐约象征的手法给出了答案："桑之落矣，其黄而陨。"意思是说桑叶一旦过了最佳状态，便开始黄了，枯萎了，陨落了。桑犹如此，情何以堪？在这位男子的眼中，这位女子不再有少女般的水灵，已经珠黄色衰，不再可爱了。在这首诗中，蚕桑丝绸的隐约象征意义得到了恰到好处的多次展现。

汉代《古诗十九首》中的《迢迢牵牛星》，以浪漫主义的手法，字字泼墨天上，句句暗示人间，借助牛郎、织女的相思愁苦，抒发现实人间的爱情悲伤。该诗描写织女用小巧白皙的双手操作织机，整天

---

① 此为现代汉语译文，原文为："匪我愆期，子无良媒。将子无怒，秋以为期。"

② 此为现代汉语译文，原文为："桑之未落，其叶沃若。于嗟鸠兮，无食桑葚。于嗟女兮，无与士耽。士之耽兮，犹可说也。女之耽兮，不可说也。"

劳作，织出的丝绸却紊乱而没有纹理，伤心的眼泪像雨水一样流下，以此说明她的相思之苦。

　　汉代乐府诗《陌上桑》赞美了青年女子罗敷对于爱情忠贞不渝、奚落轻薄太守、夸赞自己丈夫的行为，展示了其美丽的心灵。同时，作品还借助于蚕桑丝绸，既写实又象征，烘托了罗敷勤劳、聪敏、美丽、大方的性格特征。作品首句点出环境美，接着点出罗敷家教好，然后重点强调："罗敷喜蚕桑，采桑城南隅。"罗敷以采桑养蚕的女子形象出现，体现了传统中国妇女的勤劳与善良。"青丝为笼系"，即以蚕丝为绳索运用于生产工具的制作与装饰，折射出罗敷性格的清雅与淡定。至于罗敷的穿着服饰，更是离不开丝绸的点缀与烘托："缃绮为下裙，紫绮为上襦。"即罗敷的裙子用粉红色丝绸制成，上衣用紫色丝绸制成。至此，罗敷美丽的外貌形象乃至内在气质借助于丝绸文化已经塑造完毕，为后文的斥责太守、夸赞丈夫做好了铺垫。

　　在古典爱情诗当中，唐朝李商隐以丝绸文化来表现爱情的无题诗堪称一绝。他的《无题诗》"相见时难别亦难"这首传颂千古的七言律诗，如果苛刻地只选其中一句作为全诗的核心精华，那就非"春蚕到死丝方尽"莫属了。原因在于：其一，这句诗音韵优美，读起来朗朗上口，抑扬顿挫；其二，诗中之"丝"与思念之"思"谐音，并且思念之"思"是抽象的、无形的，而通过春蚕之"丝"来表达，则可

以化抽象为具体，犹如"一江春水向东流"用来喻愁，形象可感，显示这种思念的缠绵悱恻、连绵不绝；其三，"春蚕到死丝方尽"，这是一种无私的奉献，一种生命过程中的延续，一种理想结局的升华。用这种境界来表达相思之苦，象征了爱情的忠贞、无私和美好。李商隐的另外一首诗《锦瑟》，连用四个典故，采用隐约象征的手法，表达了多重人生感悟，其内容之丰富多彩唯有绘锦的古瑟才足以发端比兴，可见丝绸文化在李商隐诗歌创作中具有何等重要的分量！

同时，在古典文学作品中，蚕桑丝绸曾经被用来比兴、象征志士仁人的气节、风骨和价值取向，也被用来讥讽时弊，揭露社会不公。晋代（265～420）陶渊明不满于社会黑暗、官场腐败，毅然辞官归隐，返归怡然自得的乡村生活，留下了一批脍炙人口的田园诗作，其中不乏蚕桑丝绸文化。在他寄托理想的《桃花源记》中，有桑树相伴。在《归园田居》当中，"狗吠深巷中，鸡鸣桑树巅"，是他脱离官场束缚之后面对的惬意景象。这里没有仕宦生涯中的车马喧闹和寒暄应酬，自己可以开荒于田野，高兴地看到"桑麻日已长"，与淳朴村民交往可以"相见无杂言，但道桑麻长"。在经历官场险恶之后，他看淡了仕途的潮起潮落和尘世的荣华富贵，获得了新的人生感悟：种地和织绸，只要自给自足就行；人死后，富贵与名声也就成空。

《簪花仕女图》中的唐代贵族妇女身着罗绮，体现了丝织品在唐

（唐）《簪花仕女图》

代的流行。唐朝是中国诗歌发展历史上的一座高峰，同时也是蚕桑丝绸发展历史上的一座高峰。在现存的5万多首唐诗中，有近500首诗歌涉及蚕桑丝绸业，其中具有代表性的是白居易的蚕桑诗。在新乐府诗《红线毯》中，他以副标题点明主旨："忧蚕桑之（浪）费也。"在新乐府诗《缭绫》中，他以副标题点明主旨："念女工之（辛）劳也。"在《重赋》诗中，他揭露了各级官府横征暴敛，正赋之外又另设私库，滥征丝绸帛絮而又堆在仓库任其腐烂等社会腐败现象，表达了忧国忧民的情怀。

在蚕桑诗人中，北宋（960～1127）张俞的作品并不很多，但以一首《蚕妇》而在中国古典诗歌的大舞台上占据了一席之地。他写道："昨日入城市，归来泪满巾。遍身罗绮者，不是养蚕人。"诗中没有一字议论，采用写实手法，将那位蚕妇的神态、见闻、感受写得有血有肉、逼真细腻，通过一个生活细节，深刻揭露了社会现实的不

蚕 妇

合理，立意既深，构思也巧，显示了诗人对生活的敏锐洞察力和高度概括力。

蚕桑丝绸自从诞生之日起，就与文化艺术结下了不解之缘。举凡丝弦乐器、翩翩舞蹈、书法绘画、帛书纸张，都与丝绸文化有关。不过，相对而言，在琳琅满目的中国文化艺术殿堂中，含有丝绸文化的古典诗歌，以其喜闻乐见的形式、朗朗上口的韵律、比兴象征的手法、生动丰富的内容，更加显示出隽永和独特的魅力。

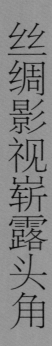

丝绸影视崭露头角

中国的丝绸文化有着五千多年历史，但第一次出现在银幕上，却是在20世纪30年代初，这与中国现代文学史上的巨匠茅盾（沈雁冰）有着密不可分的关系。

1933年，当中国电影还处于只有画面而无声音的"伟大的哑巴"时代之际，默片影坛却响起了一声春雷——《春蚕》由明星影片公司摄制、放映。这时，距人类文化发展史上的电影时代在法国巴黎正式拉开帷幕已有38年，距离中国人开始自己第一部电影的拍摄和放映也有28年。然而，电影《春蚕》此时问世，却有非同寻常的意义。这部无声故事片由蔡叔声（夏衍）根据茅盾同名小说改编，程步高导演，王士珍拍摄，主要演员有萧英、严月娴、郑小秋、龚稼农等。这是"五四"以来中国新文艺作品第一次被搬上银幕，为当时的中国电影带来了一种全新的内容，被称为"1933年影坛上的一个奇迹"。

《春蚕》的主要情节是：20世纪30年代初，浙江省杭嘉湖农村里，一过清明节，村里人都开始忙碌起来。这里的农民主要以养蚕为生，而此时正是养蚕的好季节。所有人都在以兴奋而又紧张的心情投入到这场一年一度的劳作中。蚕农老通宝一家也在紧张地忙碌着。他家去年蚕没有养好，今年打算好好干一场，甚至不惜借了高利贷来买桑叶喂蚕。……在蚕农们战战兢兢的照料下，蚕宝宝倒也挺争气，健康成长，蚕茧获得了大丰收。但是，来自外国的洋布和人造丝对中国

的倾销使蚕丝价值大大缩水，而此时正值日本进攻上海，各地丝厂关门，蚕行都不收购，人们只能将蚕丝挑到无锡去降价甩卖。老通宝忍痛贱卖了自己的蚕，算一算，连桑叶的本钱都不够……

由于茅盾文学作品《春蚕》具有现实批判精神，细腻地刻画了主人公老通宝勤劳质朴的性格，描绘了充满泥土气息的蚕农生活，反映了蚕农的劳动情致和水乡的恬静风光等，加之当时电影所具有的独特视觉效果，因此许多人即使未事蚕桑却也借助于文学和电影对丝绸文化有了形象的了解。

继《春蚕》之后，茅盾又写了反映养蚕农民生活内容的《秋收》和《残冬》，形成了"农村三部曲"系列文学作品。由于对丝绸文化情有独钟，不久茅盾又以丝厂老板吴荪甫的实业梦想及其幻灭为主线，推出了写实主义的长篇小说《子夜》，树立了中国现代文学史上的一座丰碑。半个多世纪以来，《子夜》不仅在中国拥有广泛的读者，而且还被译成英、德、俄、日等十几种文字，产生了广泛的国际影响。1981年，《子夜》被拍成电影。2008年，《子夜》被拍成38集电视连续剧。

改革开放以后，有着数千年传统的中国丝绸文化沐浴着时代春风，谱写了新的华章，这在28集电视连续剧《十万人家》中得到了集中的展现。该剧以蚕桑丝绸业最为发达的浙江某地"钱塘镇"沈氏家

族企业三兄弟的创业故事为线索，讲述了进入21世纪以来浙江经济社会的发展态势及工商业者自身艰难蜕变和转型的历程。尤为突出的是，该电视剧取景于浙江湖州南浔古镇，展现了江南水乡特有的蚕桑风情，体现了"两百技工、三千绣娘、三万蚕农"的故事内涵；而作品冠以"十万人家"，其中既有对"钱塘镇"人口户数的写实，更加重要的恐怕还在于取宋代词人柳永《望海潮》的神韵："钱塘自古繁华……参差十万人家……户盈罗绮。"可以说，这是一部以青春剧、商战剧面目出现而多方位展现中国丝绸文化现代转型的电视剧。对于没有机会直接观察蚕桑丝绸生产过程的人来说，这部电视连续剧还提供了一个个独特的视窗，使其有机会看到一望无际的桑田，绿油油的桑叶，白花花的蚕宝宝，热气腾腾的丝釜，一排排的缲丝车，色彩万千的丝绸……影视传媒手段的介入，使我们可以借助画面去感受丝绸文化。

近年来，随着世界各地兴起学习汉语的热潮，中国国家汉办适时地推出了一批宣传中国文化的影视作品，其中一部为《中国文化精粹——丝绸》。这部影视作品以话语解说和画面切入交相呼应的方式，展现了美轮美奂的中国丝绸文化。在作品里，我们可以看到新石器时代以来不同时期的丝织精品、蚕桑丝绸生产工具、蚕桑崇拜器物，沙漠、戈壁滩上胡人骆驼商队行走于丝绸之路，郑和下西洋开

辟的海上丝绸之路，现代女模特在轻歌曼舞中展示的丝绸时装秀；同时，随着画面推移的话语解说，也能够让我们了解到许多蚕桑丝绸的历史发展、文化寓意、社会功能和在中西经济、文化交流过程中的重要意义等。这些丰富的内容，让我们留下了太多记忆、太多感慨。

丝绸老字号与名锦

第八章

在中国漫长的工商业文化历史上，诞生过无数特色鲜明的老字号企业。星移斗转，沧海桑田，时代的变迁使中国老字号经历了大浪淘沙般的洗礼，逐步分化，呈现出三种迥然不同的走向：有的衰退败落，销声匿迹；有的老态龙钟，步履蹒跚；有的生机盎然，雄风不减。沧海横流，方显英雄本色。可喜的是，一大批中国丝绸老字号承载着往昔的辉煌，无愧于时代的进步，在弘扬优良传统的基础上，引进先进的技术和设备，采用新式的管理方法，生产出适销对路的产品，塑造出崭新的企业形象。时至今日，我们仍然可以看到下列一些典型的丝绸老字号，犹如璀璨的群星，熠熠生辉，呼应着历史，照耀着现实，昭示着未来。

瑞蚨祥绸布店

在北京大栅栏商业街上，有一座西式巴洛克建筑风格的商店，每日门庭若市，车水马龙，吸引着八方来客，这就是驰名中外的中华老字号瑞蚨祥绸布店，曾经居于旧京城"八大祥"之首。流传多年的歌谣"头顶马聚源，身穿瑞蚨祥，脚踩内联升"是对瑞蚨祥名满京城的生动写照。说起瑞蚨祥的历史，要追溯到清朝道光年间，其创办人生于山东省济南府章丘县旧军镇，第二代传人孟洛川于1893年出资8万两银子在大栅栏成立北京瑞蚨祥绸布店。民国初年，瑞蚨祥已成为北京最大的绸布店。

中华老字号北京瑞蚨祥

瑞蚨祥销售的精美丝织品

74

1949年10月1日中华人民共和国成立时，天安门广场升起的第一面五星红旗的面料就是周恩来总理指定瑞蚨祥提供的。1954年，瑞蚨祥实行公私合营，五个字号合并为一，改成以经营绸缎、呢绒、皮货为主的布店。现在北京瑞蚨祥绸布店基本保持了原来的建筑风貌，一直奉行百年老店"至诚至上，货真价实，言不二价，童叟无欺"的十六字方针，成为商业文化的经典之一。

都锦生丝织厂

浙江杭州的人文历史与丝绸文化有着密不可分的关系，其中有一个很独特的文化现象：都锦生——从一个人的姓名，演变成为一个厂名，之后又被定义为一种工艺品，最后升华为一种精神的代言词。这些都与其创办人都锦生（1897～1943）密切相关。他于1921年春织出了世界上第一幅风景织锦画《九溪十八涧》。他还推出《宫妃夜游图》、《耄耋图》、《苏堤春晓》、《西湖全图》、《灵隐雪景》、《上海外滩全景》、《颐和园全景》等织锦，闻名遐迩，曾在1926年美国费城世界博览会上荣获金奖。他从日本学习先进工艺回来后，将丝绸和伞骨结合，生产出了物美价廉、轻巧实用的西湖绸伞。之后，他不断推陈出新，生产出各式各样体现中国文化特色的丝绸日用品、旅游品和礼品。1949年以后，毛泽东主席曾多次以都锦生织锦像为国礼赠送外宾，美国总统克林顿也曾为收

到织锦肖像而亲笔来函致谢，中美乒乓外交也以庄则栋将都锦生风景织锦赠送给美国运动员而拉开序幕。目前，都锦生织像景织锦、装饰织锦、服用织锦三大系列行销80多个国家和地区，被誉为"东方艺术之花"。1997年5月15日建立的都锦生博物馆成为中国首家织锦专题博物馆，所展示的织锦工艺和产品成为杭州丝绸的标准之一。

老介福呢绒绸缎商店

许多上了年纪的上海市民回忆，小时候要买绸缎、丝绸，就会想到"老介福"。为什么？因为那里服务态度好，服务质量高。1936年3月，世界喜剧电影大师卓别林（Charlie Chaplin）来到上海，所下榻饭店的窗帘、床单与沙发套，全是在老介福定做的绣花丝绸织品。从未穿过中国真丝衬衣的卓别林慕名向老介福定制了几十打真丝衬衫，试穿后非常满意，当即倒了两杯酒向老介福的老板表示谢意。在旗袍和马褂盛行的年代里，许多老板、外商、明星、白领以及上海市民做衣服时，肯定会到老介福选料定做，因为这里的丝绸制品不仅质量好，花样独具特色，而且曾经是上海滩乃至中国的丝绸之窗。老介福开设于1860年，1936年中秋节搬到位于上海南京路、河南路口的哈同大楼底层铺面的黄金地段，成了上海当时规模最大、资本最雄厚的一家绸缎店，为时人所瞩目。它以经营丝葛、绸缎而著称，并收集世界

各国精美花型图案，自行设计花色，直接向丝织厂定织、定染、特别加工，被誉为"丝绸总汇"。

乾泰祥绸布商店

苏州是中国的丝绸业中心之一，地处苏州观前街中段的乾泰祥绸布商店则是苏州绸布行业中著名的百年老店，创办于1870年前后。1929年，乾泰祥翻建，耸起了一座中西式的三层楼房，成为同行中的一家大店铺。乾泰祥经销的顾绣非常讲究质量，不仅有专人负责选料、染色、审阅图稿，而且还在市郊设立专门的"代放绣"加工点，富家大户婚丧大事皆慕名而来，采购所需用品。20世纪30年代初，女眷风行绣花红裙，乾泰祥瞄准市场需求，每天能售红裙百余条。当时广泛流传着"吃到松鹤楼，着到乾泰祥"的俗语。几十年来，乾泰祥励精图治，所经营的产品和服务质量在苏州同行业中一直名列前茅，屡获行业先进集体称号。近年来，面对纺织品市场的新变化，乾泰祥积极开拓货源渠道，恢复高中档呢绒和丝绸传统经营特色，成为一个多品种、多花色的专业绸布商店。

继昌隆缫丝厂

与上述几家历经百年沧桑而在新时期仍然焕发青春的丝绸老字号不同，继昌隆缫丝厂尽管早已不见踪影，但是它以近代中国第一个民族资本经营的机器缫丝厂的身份而永载中国丝绸文化的史册。1872

年，曾在暹罗（泰国）经商的陈启沅看到当地人使用法式机器进行缫丝，效率高，质量好，于是回到缫丝传统悠久的家乡广东南海简村，创办继昌隆缫丝厂。他采用了当时世界上先进的技术并加以改造，实行半机械化生产，以蒸汽机为动力，使用机器缫丝，产品粗细均匀，丝色洁净，弹性较好，获利丰厚，畅销于欧美和东南亚各地。但是，这种新式工业遭到土法缫丝业界的嫉恨，也遭到守旧势力的非议，说是男女同厂房有伤风化，机器轰鸣犹如鬼叫，烟囱高耸有伤风水。1881年，附近一家缫丝厂遭两三千民众持械捣毁，还酿成人命案件。陈启沅所办继昌隆缫丝厂，为避风头曾一度迁往澳门，风潮过后迁回原地重新开工。陈启沅死后，虽然继昌隆缫丝厂逐步衰败，几经变迁，厂址已经荡然无存，但是继昌隆作为机器丝厂先驱为中国丝绸文化史册谱写了新的篇章。

精美的云锦织品

在古代丝织物当中，"锦"是代表最高技术水平的丝织物。中国织锦的产地很广，品种繁多，经过长期的历史积淀形成了最为著名的南京云锦、四川蜀锦、苏州宋锦和广西壮锦，合称"中国四大名锦"。

南京云锦由宋代彩锦演变而来，元代云锦织金夹银，成为最珍贵、工艺水平最高的丝织品种。元、明、清三朝都指定云锦为皇室贡品。历代统治者相继在南京设立官办织造局，专门管理云锦的生产并垄断了销售，提供龙袍、凤衣、霞帔、嫔妃的丽装靓服、宫廷装饰及褥子、靠垫、枕头等实用品。云锦有时还被作为朝廷礼品，馈赠外国君主和使臣以及赏赐大臣和有功之人。可以说，织物中最高档的是丝绸，丝绸中最高级的是织锦，织锦中最高贵的是云锦，而南京云锦中最杰出的代表就是妆花，它达到了丝织工艺登峰造极的地步。

蜀锦产生于蚕丛古国四川。西汉初年，成都地区的丝织工匠发明了多彩提花织物——织锦。三国时期，蜀国占据四川，经济发达，号称"天府之国"，与诸葛亮（181～234）发展蜀锦生产以增加财政收入有关。唐代，蜀锦业更加兴旺发达，唐玄宗（685～762）身穿的五彩丝织背心，被视为"异物"，价值百金。蜀锦不仅成为当时上层贵族享用的奢侈品，而且通过"丝绸之路"进行的东西方政治、经济、科技和文化交流，成为中国通往世界的桥梁与纽带。至今日本正仓院

和法隆寺还珍藏有"蜀江小幡"、"蜀江太子御织伞"等许多唐代蜀锦残片。2006年5月20日，蜀锦织造技艺经国务院批准列入第一批国家级非物质文化遗产名录。

苏州宋锦始于唐代。宋朝南渡以后，苏州织锦中出现了专供装裱书画用的细薄织40余种，这些织锦与书画轴子同时保存了下来，人们习惯称之为"宋锦"。苏州宋锦到了元代一度衰败，明代有所恢复。后来，宋锦图案一度失传。至清康熙年间（1654～1722），宋锦得以恢复生产。宋锦色泽华丽，图案精致，被赋予中国"锦绣之冠"的美名。2009年9月，宋锦作为中国蚕桑丝织技艺入选世界非物质文化遗产。

壮锦是广西壮族自治区传统的著名丝织物，产生于宋代，是以棉纱股线或麻纱股线为经、桑蚕丝为纬的色织提花织物，也有采用染色桑蚕丝为经、染色有光人造丝或金银皮作纬织造的。壮锦花纹图案接近剪纸图案，多用几何形图案，千姿百态，多以红色为背景，色彩斑斓，绚丽多姿，对比强烈，具有浓艳粗犷的艺术风格。明清时期，壮锦已发展到用多种色彩的绒线编织，呈现出绚丽的色彩，虽仍为皇室贡品，但平民百姓亦可享用。壮锦不仅成了壮族人民日常生活中的用品和装饰品，编织壮锦更是壮族妇女必不可少的"女红"，而且壮锦还是嫁妆中不可或缺之物。

丝绸民俗与丝绸节

　　在茅盾小说《春蚕》中有这样一些情节：蚕农老通宝非常迷信传统的禁忌，他的大儿子生性忠厚老实，儿媳妇对老通宝那套保守的方法虽然不满却也无奈。小儿子多多头根本不相信父亲那一套迷信的禁忌，经常和被人叫做"晦气星"的根生妻子荷花笑耍。荷花原来在城里做过大户人家的丫头，村里人看不起她，忌讳和她往来。碰巧这一年根生家的蚕宝宝坏了，全村人都认为是荷花这个"克星"的缘故，从此更没人敢和她说话了。但多多头却不顾父亲的反对，总是偷偷和她来往。荷花从来不相信村里人对她的指责，明知故犯地偷偷走进老通宝家的蚕房，去"冲克"蚕宝宝。这事后来被老通宝知道了，他整天忧心忡忡，但奇怪的是，这一年他家的蚕花仍然长得很好，这使老通宝心里的一块石头总算落了地。作品所反映的禁忌与习俗，在许多地方都有程度不同的表现。

　　由于蚕桑丝绸在国计民生中占有重要地位，从业者以此安身立命，彼此交往当中便形成了特定的行业术语和文化氛围，加之蚕宝宝天生娇贵，饲养时必须细致入微，不能有半点马虎，以及当时的科学技术不发达而使之蒙上了一层神秘色彩，因此千百年来在蚕桑地区形成了一系列独特的生产习俗和风土人情。

　　首先，各个蚕桑地区都形成了祭祀蚕神的传统风俗。据史书记载，从三千多年前的周代开始，朝廷的统治者对祭祀蚕神活动就很重

视。历朝历代，皇宫内都设有先蚕坛，供皇后祭祀用，每当养蚕之前，需杀一头牛祭祀蚕神，祭祀仪式十分隆重。在民间也如此，蚕神的崇拜是蚕乡风俗中最重要的活动，除祭祀嫘祖外，各地还根据当地的风俗祭祀所崇拜的蚕神，有祭祀"蚕花娘娘"的，有祭祀"蚕三姑"的，也有祭祀"蚕花五圣"、"青衣神"等蚕神的。事实上，蚕农对所崇拜的蚕神并没有多大的讲究，只是祈求冥冥之中的神灵予以保佑，使自己的蚕桑生产获得丰收。民间供奉蚕神的场所也不完全相同，有的建有专门的蚕神庙、蚕王殿，有的在佛寺的偏殿或所供奉的菩萨旁边塑个蚕神像，有的蚕农家在墙上砌有神龛供奉着蚕神像。

其次，由于蚕农对科学知识了解不够，在养蚕季节产生了许多禁忌。在被称为"丝绸之府"的浙江省杭嘉湖农村，水稻生产能够解决全年8个月的口粮问题，剩下4个月的口粮以及其他开支，均仰仗蚕丝生产的收入。每年4月，在这个被称为"蚕月"的关键时节，蚕农总是战战兢兢，格外小心谨慎，生怕一点意外导致全年的蚕丝收入泡了汤，为此产生了各种禁忌。蚕农浴种（蚕种消毒）必须在一个特定的日子，事先要祭祀蚕神。采桑的时候，新手一定要向前辈行家讨教才能够出门。一旦桑叶吃紧，蚕农便心急火燎，因为神仙难测桑叶价。为了防止病毒、虫兽之害，养蚕前要打扫蚕房，清洗蚕匾，张贴用红纸剪成的猫、虎形剪纸等以防止老鼠侵害；在蚕室门上贴写有"育

蚕"、"蚕月知礼"等字的红纸，祛灾辟邪，并且谢绝生人进入，甚至亲友之间也暂停相互串门来往，即所谓的"蚕关门"。而蚕室里面的禁忌，更是名目繁多，据《农桑辑要》所载：蚕初生时忌屋内扫尘，忌煎爆鱼肉，忌敲击声响，忌哭泣、叫唤或者秽语淫词，忌烟熏、热汤、泼灰，忌酒醋、鱼腥、麝香等物，忌产妇、孝子入家，等等。显然，有些禁忌是为春蚕生长创造良好环境，有些禁忌则纯粹是迷信和风俗习惯。应该说，中国传统文化中各行各业都有禁忌，但是像养蚕这样禁忌之多、之严、之烦琐，恐怕是绝无仅有。

再次，形成了与蚕乡人民生老婚丧、衣食住行和精神生活息息相关的社交礼仪风俗。当婴儿还在娘胎里时，外婆家就送来了包括婴儿丝绸服饰在内的"催生礼"；人死了以后，还要穿丝绸寿衣、盖上丝绵被，亲朋好友还要"讨蚕花"。在"丝绸之府"浙江杭嘉湖蚕乡，人们在定亲时，女方要有一种"送蚕花"的仪式，将一张蚕种或者几条蚕送到男方家，作为定情信物，以便给未来丈夫家中带来"蚕花运"，保佑蚕丝丰收。女子嫁妆中有两棵桑树和一棵万年青，带根陪嫁，一到男方家就当众种下。嫁妆中还有蚕火、发篓、淘箩、火钳等养蚕工具。新娘子回门时，将钥匙交给婆婆，与女性长辈一起清点嫁妆箱子里的衣物，俗称"点蚕花"。在嘉兴蚕乡，新娘子嫁到婆家第一年，要独立养好一张蚕种的蚕宝宝，以接受考验，俗称"看蚕

85

花"。在蚕乡社交方面，在采收蚕茧后，解除了"关蚕门"的禁忌，人们便开蚕门，走亲访友，互赠礼品，互问收成，俗称"望蚕讯"，体现了亲友的互相关爱之情。

最后，举办各种体现蚕桑丝绸文化的节庆集会。茅盾的散文《香市》描写了丝绸之乡浙江桐乡乌镇与蚕桑有关的集会："清明过后，我们镇上照例有所谓'香市'，首尾大约半个月。赶'香市'的群众，主要是农民。'香市'的地点，在社庙。从前农村还是'桃源'的时候，这'香市'就是农村的'狂欢节'。因为从'清明'到'谷雨'这二十天内，风暖日丽，正是'行乐'的时令，并且又是'蚕忙'的前夜，所以到'香市'来的农民一半是祈神赐福，一半也是预酬蚕节的辛苦劳作。所谓'借佛游春'是也。"据了解，这种民俗在乾隆年间（1711～1799）《乌镇志》中有专门记载：清明前后农村男女争赴普静寺祈蚕，及谷雨收蚕子乃罢。期间，"乌镇水陆齐欢，观者如蚁，场面蔚为壮观，声浪可达三里之外"。为拯救传统文化，从2001年开始，乌镇恢复了"香市"活动，使之成为当地旅游民俗节庆的一个品牌。历史上江浙蚕乡在清明节前后举行的庙会，均以"轧蚕花"相称，祭蚕神、祷丰收是庙会的主题，实际上成为物资交流、文化娱乐盛会。"轧蚕花"期间，也是青年未婚男女在人山人海的场合互相轧一轧、互相接触、互表衷情的好机会。

如何将丝绸文化传统与现实经贸活动有机结合起来，实现"文化搭台，经贸唱戏"双丰收，这是新时期的新课题。改革开放以后，许多地方举办了各种类型的丝绸节，犹如雨后春笋，层出不穷，既弘扬了丝绸文化传统，又获得了巨大的经济效益。如果您是一位对丝绸文化感兴趣的游客，或者是丝绸产品的爱好者、消费者，遇到这类节庆活动，不妨参与其间，细细地品味一番。至少，下列重要的活动值得留意：杭州丝绸时尚节（浙江）、苏州国际丝绸节（江苏）、南充丝绸节（四川）、中国丝绸节（北京）。信手搜索网上的报道，即使有时是三言两语的消息，我们也可从中知道这些丝绸节庆活动大体上的来龙去脉。

杭州丝绸时尚节

2001年10月，首届杭州丝绸时尚节作为西湖博览会的亮丽名片隆重推出。2002年10月，第二届杭州西湖博览会丝绸时尚节由"万紫千红"、"成果展示"、"学院派模特秀"、"花团锦簇"、"为杭州丝绸喝彩"、"人欢鱼跃"等八大系列组成。2006年10月，杭州（国际）丝绸时尚节暨中国丝绸城20年庆典在抚今追昔中隆重举行，立足于"弘扬丝绸文化，塑造天堂形象"。2009年10月，为弘扬丝绸之府、打造女装之都，推动杭州丝绸产业的提升发展，西湖博览会期间举办了杭州（国际）丝绸旅游文化节系列活动。

苏州国际丝绸节

1999年9月25日，中国苏州国际丝绸节暨经贸洽谈会和中国苏州科技成果交易会在新落成的苏州国际会展中心同时开幕。丝绸馆集中展示了闻名于世的苏州丝绸、服装的新产品、新工艺。2001年9月30日，中国苏州国际丝绸节开幕。以前，苏州举办的是丝绸旅游节，本届的一大特色是，突出了苏州"丝绸之府"的主题，所有活动包括商贸、旅游等都围绕丝绸这一主题展开。2002年9月15日，中国苏州丝绸节开幕，不同于以往的丝绸搭台、商贸旅游唱戏，这次活动把丝绸节作为一个城市品牌来看待。

南充丝绸节

1990年8月25～29日，在四川南充"丝绸大世界"商城举办的"首届中国·四川·南充丝绸节"，指导思想是宣传南充丝绸，促进商贸流通，吸引中外客商达5000多人。活动设计了会徽、会歌，组织了商展、灯展、影展、书画展、文体活动、焰火晚会、大型丝绸展，并有千人以上丝绸时装队上街表演，还举办了丝绸时装模特大赛等。后来，一年举办一届，一共举办五届，在全国产生了不小的影响。

中国丝绸节

2007年8月10～22日，中国丝绸协会主办、北京凯丽服饰有限公司组织发起并具体承办的首届中国丝绸节在北京金源新燕莎大厦举

行。这次活动的内容涵盖了丝绸文化、传统工艺、现代产业和优秀品
牌展示，展示产品种类丰富，传统工艺与现代成品相融，让消费者对
丝绸有了新的概念，是中国丝绸产业的一次集中巡礼。

丝绸商铺

　　这些丝绸节各具特色，形式不尽相同，板块组合各异，但是它
们有着共同的目标，这就是弘扬中国丝绸文化，以文化支持民族品
牌的发展，营造消费者与商家、企业互动、产供销信息互通的市场
环境，提高人们对中国丝绸精神与物质、文化与品牌的认知，提升
丝绸品牌形象，带动丝绸消费市场，激发企业创新意识，适应国内

外市场需求，以市场促进品牌建设，实现产业发展、市场繁荣和百姓受益的良好局面。

如果你有机会来到旅游城市"人间天堂"，而时间不凑巧，未能赶上丝绸节庆活动，则不妨漫步于苏州丝绸荟萃的观前街，或者徜徉于杭州的中国丝绸博物馆和丝绸街，这样便可尽情领略当地特有的丝绸风韵及其人文寓意。在南京中山路，当你记起"织物中最高档的是丝绸，丝绸中最高级的是织锦，织锦中最高贵的是云锦"时，恐怕就会情不自禁地走进丝绸大厦。即使在远离丝绸产地的北京，当你不经意地来到秀水街时，你也会惊喜地发现这里设有精品丝绸专区——百米丝绸街……其实，只要你留意，你几乎可以在任何城市找到丝绸专卖店。

丝绸就是这样一种物品，绵绵不绝微风里，与你的生活同在；丝绸也是一种文化，功被天下万世文，使你的生活斑斓多彩、锦上添花。一部丝绸文化史，从某些特定的角度看，是一部了解中国历史文化、物质生活和精神文明的小型百科全书。

参考文献

1. 陈良：《丝绸史话》，甘肃人民出版社1983年版。

2. 罗瑞林：《中国丝绸史话》，纺织工业出版社1986年版。

3. 杨力：《中国的丝绸》，人民出版社1987年版。

4. 顾希佳：《东南蚕桑文化》，中国民间文艺出版社1991年版。

5. 朱新予：《中国丝绸史（通论）》，纺织工业出版社1992年版。

6. 陈永昊等：《中国丝绸文化》，浙江摄影出版社1995年版。

7. 李瑞：《蚕丝业经济学》，中国农业出版社1998年版。

8. ［法］Jean-Pierre Drege著，吴岳添译：《丝绸之路——东方和西方的交流传奇》，上海书店出版社1998年版。

9. ［英］加文·孟席斯著，师研群译：《1421：中国发现世界》，京华出版社2005年版。

10. 袁愈荌：《诗经全译》，贵州人民出版社2008年版。

11. ［美］妮娜·海德：《丝绸——纺织品皇后》，载《北方蚕业》1986年第3期。

12.《嫘祖》，http：//baike.baidu.com/view/29854.htm

13.《马头娘》，http：//baike.baidu.com/view/459968.html？from Taglist

14.《蚕丛》，http：//baike.baidu.com/view/1106101.htm

15.《素纱禅衣》，http：//baike.baidu.com/view/408668.htm

16.《中国文化精粹——丝绸》，http：//video.chinese.cn/article/2009-12/10/content_20471.htm

17.《宋画欣赏：夜宴图——蚕织图》，http：//ishare.iask.sina.com.cn/search.php？key

18. 沈志胜：《丝的传奇》，http：//gz.fjedu.gov.cn/meishu/ShowArticle.asp？ArticleID=37106

19.《丝绸与中国礼仪制度》，http：//www.vipsilk.com/shop/article-197.html

20.《丝绸之路》，http：//baike.baidu.com/view/1239.htm？fr=ala0_1_1

21.《春蚕》，http：//baike.baidu.com/view/743123.htm？fr=ala0_1

22.《瑞蚨祥》，http：//baike.baidu.com/view/29929.htm？fr=ala0_1_1

23. 优容：《都锦生——丝绸文化的守护人》，http：//www.cityhz.com/a/2008126/21999.html

24.《老介福》，http：//baike.baidu.com/view/148938.htm？fr=ala0_1

25.《百年老字号苏州乾泰祥丝绸商誉海内外》，http：//info.sm160.con/textile/20091031/766699.html

26.《南京云锦》，http：//baike.baidu.com/view/20790.htm

27.《中国三大名锦》，http：//baike.baidu.com/view/1055635.html

28.《宋锦》，http：//baike.baidu.com/view/15233.htm

29.《壮锦》，http：//baike.baidu.com/view/15244.htm

30.《丝绸民俗》，http：//www.vipsilk.com/shop/article-168.html

31.《丝绸民俗》（二），http：//www.vipsilk.com/shop/article-200.html

图书在版编目（CIP）数据

丝绸文化/李平生著.
—济南：山东大学出版社，2012.12
（中国文化读本/宁继鸣主编）
ISBN 978-7-5607-4704-0

Ⅰ.①丝…
Ⅱ.①李…
Ⅲ.①丝绸-中国-通俗读物
Ⅳ.①TS146

中国版本图书馆CIP数据核字（2012）第295037号

策划编辑：刘彤
责任编辑：陈海军　董付兰
装帧设计：牛钧

出版发行：山东大学出版社
社址：山东省济南市山大南路20号
邮编：250100
电话：市场部（0531）88364466
经销：山东省新华书店
印刷：济南新先锋彩印有限公司印刷
规格：880毫米×1230毫米　1/24　4.5印张　59千字
版次：2012年12月第1版
印次：2012年12月第1次印刷
定价：19.00元